图解

电网安全生产严重违章 99 条

《图解电网安全生产严重违章 99 条》编写组　编

王瑞龙　绘图

内容提要

为加强宣贯《国家电网有限公司关于进一步加大安全生产违章惩处力度的通知》（国家电网安监〔2022〕106号）和《国网安监部关于追加严重违章条款的通知》（安监二〔2022〕16号），使反违章工作有效落实，本书将上述两《通知》中严重违章清单的每一条用形象的绘图呈现出来，以教育全体员工知敬畏、明底线、守规矩，起到警醒比照自身、提升安全意识、杜绝违章的目的。

全书共五部分99条，主要内容包括Ⅰ类严重违章（14条）、Ⅱ类严重违章（29条）、Ⅲ类严重违章（44条）、Ⅱ类严重违章（补充1条）、Ⅲ类严重违章（补充11条）。

本书可供电力行业从事安全生产、施工的管理人员、安全督查人员和一线员工阅读使用，同时可作为电力施工外包业务作业人员的培训教材。

图书在版编目（CIP）数据

图解电网安全生产严重违章99条/《图解电网安全生产严重违章99条》编写组编. —北京：中国电力出版社，2022.5（2022.6重印）
ISBN 978-7-5198-6706-5

Ⅰ.①图… Ⅱ.①图… Ⅲ.①电力工业－安全生产－违章作业－图解 Ⅳ.①TM08-64

中国版本图书馆CIP数据核字（2022）第066047号

出版发行：	中国电力出版社	印　刷：	三河市万龙印装有限公司
地　址：	北京市东城区北京站西街19号	版　次：	2022年5月第一版
邮政编码：	100005	印　次：	2022年6月北京第三次印刷
网　址：	http://www.cepp.sgcc.com.cn	开　本：	889毫米×1194毫米　横24开本
责任编辑：	薛　红	印　张：	4.5
责任校对：	黄　蓓　常燕昆	字　数：	76千字
装帧设计：	张俊霞	印　数：	8001—13000册
责任印制：	石　雷	定　价：	30.00元

前 言

安全生产人命关天，国家电网有限公司（简称公司）极度重视安全工作。为贯彻上级有关安全生产工作要求，进一步规范公司安全生产秩序，确保反违章工作切实落实，公司发布《国家电网有限公司关于进一步加大安全生产违章惩处力度的通知》（国家电网安监〔2022〕106号）和《国网安监部关于追加严重违章条款的通知》（安监二〔2022〕16号）（简称两个《通知》）。两个《通知》对发生严重违章惩处的基本原则、严重违章认定标准、惩处措施以及工作要求做了明确规定。

为了加强对两个《通知》的宣贯落实，增强电力生产和施工现场员工的安全意识，将安全入脑入心，纠正严重违章的习惯性行为，编者依照两个《通知》中的严重违章清单99条，使用图文并茂的形式编写了本书，以供电力员工学习借鉴，起到警醒自身、杜绝违章，从而遏制安全生产事故发生的作用。

全书内容结构依照两个《通知》中的“严重违章清单”列出顺序，分为Ⅰ类严重违章（14条）、Ⅱ类严重违章（29条）、Ⅲ类严重违章（44条）、Ⅱ类严重违章（补充1条）、Ⅲ类严重违章（补充11条）五个部分。全书共99条严重违章对应99幅绘图解析，直观地呈现出严重违章画面，使读者在看图时反省自身在现场的行为，起到警示作用，达到安全教育的目的。

在本书编绘过程中，感谢国网信阳供电公司给予的大力支持。

因时间所限，书中如有疏漏之处，恳请读者批评指正。

编 者

2022年4月

目 录

前　言

一、Ⅰ类严重违章（14 条）…… 1

二、Ⅱ类严重违章（29 条）…… 15

三、Ⅲ类严重违章（44 条）…… 44

四、Ⅱ类严重违章（补充 1 条）…… 88

五、Ⅲ类严重违章（补充 11 条）…… 89

一、Ⅰ类严重违章（14条）

违章种类：管理违章

1. 无日计划作业，或实际作业内容与日计划不符。

一、Ⅰ类严重违章（14条）

违章种类：管理违章

2. 存在重大事故隐患而不排除，冒险组织作业；存在重大事故隐患被要求停止施工、停止使用有关设备、设施、场所或者立即采取排除危险的整改措施，而未执行的。

一、I 类严重违章（14 条）

违章种类：管理违章

3. 建设单位将工程发包给个人或不具有相应资质的单位。

一、Ⅰ类严重违章（14条）

违章种类：管理违章

4. 使用达到报废标准的或超出检验期的安全工器具。

一、Ⅰ类严重违章（14 条）

违章种类：管理违章

5. 工作负责人（作业负责人、专责监护人）不在现场，或劳务分包人员担任工作负责人（作业负责人）。

一、Ⅰ类严重违章（14条）

违章种类：行为违章

6. 未经工作许可（包括在客户侧工作时，未获客户许可），即开始工作。

一、I 类严重违章（14 条）

违章种类：行为违章

7. 无票（包括作业票、工作票及分票、操作票、动火票等）工作、无令操作。

一、I类严重违章（14条）

违章种类：行为违章

8. 作业人员不清楚工作任务、危险点。

一、I类严重违章（14条）

违章种类：行为违章

9. 超出作业范围未经审批。

一、Ⅰ类严重违章（14条）

违章种类：行为违章

10. 作业点未在接地保护范围。

一、Ⅰ类严重违章（14 条）

违章种类：行为违章

11. 漏挂接地线或漏合接地刀闸。

一、Ⅰ类严重违章（14条）

违章种类：行为违章

12. 组立杆塔、撤杆、撤线或紧线前未按规定采取防倒杆塔措施；架线施工前，未紧固地脚螺栓。

一、Ⅰ类严重违章（14条）

违章种类：行为违章

13. 高处作业、攀登或转移作业位置时失去保护。

一、Ⅰ类严重违章（14条）

违章种类：行为违章

14. 有限空间作业未执行“先通风、再检测、后作业”要求；未正确设置监护人；未配置或不正确使用安全防护装备、应急救援装备。

二、Ⅱ类严重违章（29条）

违章种类：管理违章

15. 未及时传达学习国家、国家电网有限公司（简称公司）安全工作部署，未及时开展公司系统安全事故（事件）通报学习、安全日活动等。

二、Ⅱ类严重违章（29条）

违章种类：管理违章

16. 安全生产巡查通报的问题未组织整改或整改不到位的。

二、Ⅱ类严重违章（29条）

违章种类：管理违章

17. 针对公司通报的安全事故事件、要求开展的隐患排查，未举一反三组织排查；未建立隐患排查标准，分层分级组织排查的。

二、Ⅱ类严重违章（29条）

违章种类：管理违章

18. 承包单位将其承包的全部工程转给其他单位或个人施工；承包单位将其承包的全部工程肢解以后，以分包的名义分别转给其他单位或个人施工。

二、Ⅱ类严重违章（29条）

违章种类：管理违章

19. 施工总承包单位或专业承包单位未派驻项目负责人、技术负责人、质量管理负责人、安全管理负责人等主要管理人员；合同约定由承包单位负责采购的主要建筑材料、构配件及工程设备或租赁的施工机械设备，由其他单位或个人采购、租赁。

二、Ⅱ类严重违章（29条）

违章种类：管理违章

20. 没有资质的单位或个人借用其他施工单位的资质承揽工程；有资质的施工单位相互借用资质承揽工程。

二、II类严重违章（29条）

违章种类：管理违章

21. 拉线、地锚、索道投入使用前未计算校核受力情况。

二、Ⅱ类严重违章（29条）

违章种类：管理违章

22. 拉线、地锚、索道投入使用前未开展验收；组塔架线前未对地脚螺栓开展验收；验收不合格，未整改并重新验收合格即投入使用。

二、II类严重违章（29条）

违章种类：管理违章

23. 未按照要求开展电网风险评估，及时发布电网风险预警、落实有效的风险管控措施。

二、II类严重违章（29条）

违章种类：管理违章

24. 特高压换流站工程启动调试阶段，建设、施工、运维等单位责任界面不清晰，设备主人不明确，预试、交接、验收等环节工作未履行。

二、II类严重违章（29条）

违章种类：管理违章

25. 约时停、送电；带电作业约时停用或恢复重合闸。

二、Ⅱ类严重违章（29条）

违章种类：管理违章

26. 未按要求开展网络安全等级保护定级、备案和测评工作。

二、Ⅱ类严重违章（29条）

违章种类：管理违章

27. 电力监控系统中横纵向网络边界防护设备缺失。

二、Ⅱ类严重违章（29条）

违章种类：行为违章

28. 货运索道载人。

二、Ⅱ类严重违章（29 条）

违章种类：行为违章

29. 超允许起重量起吊。

二、Ⅱ类严重违章（29条）

违章种类：行为违章

30. 采用正装法组立超过30米的悬浮抱杆。

二、II类严重违章（29条）

违章种类：行为违章

31. 紧断线平移导线挂线作业未采取交替平移子导线的方式。

二、Ⅱ类严重违章（29条）

违章种类：管理违章、行为违章

32. 在带电设备附近作业前未计算校核安全距离；作业安全距离不够且未采取有效措施。

二、Ⅱ类严重违章（29 条）

违章种类：行为违章

33. 乘坐船舶或水上作业超载，或不使用救生装备。

二、Ⅱ类严重违章（29条）

违章种类：行为违章

34. 在电容性设备检修前未放电并接地，或结束后未充分放电；高压试验变更接线或试验结束时未将升压设备的高压部分放电、短路接地。

二、Ⅱ类严重违章（29条）

违章种类：行为违章

35. 擅自开启高压开关柜门、检修小窗，擅自移动绝缘挡板。

二、Ⅱ类严重违章（29条）

违章种类：行为违章

36. 在带电设备周围使用钢卷尺、金属梯等禁止使用的工器具。

二、Ⅱ类严重违章（29 条）

违章种类：行为违章

37. 倒闸操作前不核对设备名称、编号、位置，不执行监护复诵制度或操作时漏项、跳项。

二、Ⅱ类严重违章（29 条）

违章种类：行为违章

38. 倒闸操作中不按规定检查设备实际位置，不确认设备操作到位情况。

二、II类严重违章（29条）

违章种类：行为违章

39. 在继保屏上作业时，运行设备与检修设备无明显标志隔开，或在保护盘上或附近进行振动较大的工作时，未采取防掉闸的安全措施。

二、Ⅱ类严重违章（29条）

违章种类：行为违章

40. 防误闭锁装置功能不完善，未按要求投入运行。

二、Ⅱ类严重违章（29 条）

违章种类：行为违章

41. 随意解除闭锁装置，或擅自使用解锁工具（钥匙）。

二、Ⅱ类严重违章（29条）

违章种类：行为违章

42. 继电保护、直流控保、稳控装置等定值计算、调试错误，误动、误碰、误（漏）接线。

二、Ⅱ类严重违章（29条）

违章种类：行为违章

43. 在运行站内使用吊车、高空作业车、挖掘机等大型机械开展作业，未经设备运维单位批准即改变施工方案规定的工作内容、工作方式等。

三、Ⅲ类严重违章（44条）

违章种类：管理违章

44. 承包单位将其承包的工程分包给个人；施工总承包单位或专业承包单位将工程分包给不具备相应资质单位。

三、Ⅲ类严重违章（44条）

违章种类：管理违章

45. 施工总承包单位将施工总承包合同范围内工程主体结构的施工分包给其他单位；专业分包单位将其承包的专业工程中非劳务作业部分再分包；劳务分包单位将其承包的劳务再分包。

三、Ⅲ类严重违章（44条）

违章种类：管理违章

46. 承发包双方未依法签订安全协议，未明确双方应承担的安全责任。

三、Ⅲ类严重违章（44条）

违章种类：管理违章

47. 将高风险作业定级为低风险。

三、Ⅲ类严重违章（44条）

违章种类：管理违章

48. 跨越带电线路展放导（地）线作业，跨越架、封网等安全措施均未采取。

三、Ⅲ类严重违章（44 条）

违章种类：管理违章

49. 违规使用没有“一书一签”（化学品安全技术说明书、化学品安全标签）的危险化学品。

三、Ⅲ类严重违章（44条）

违章种类：管理违章

50. 现场规程没有每年进行一次复查、修订并书面通知有关人员；不需修订的情况下，未由复查人、审核人、批准人签署“可以继续执行”的书面文件并通知有关人员。

三、Ⅲ类严重违章（44条）

违章种类：管理违章

51. 现场作业人员未经安全准入考试并合格；新进、转岗和离岗三个月以上电气作业人员，未经专门安全教育培训，并经考试合格上岗。

三、Ⅲ类严重违章（44条）

违章种类：管理违章

52. 不具备“三种人”资格的人员担任工作票签发人、工作负责人或许可人。

三、Ⅲ类严重违章（44条）

违章种类：管理违章

53. 特种设备作业人员、特种作业人员、危险化学品从业人员未依法取得资格证书。

三、Ⅲ类严重违章（44条）

违章种类：管理违章

54. 特种设备未依法取得使用登记证书、未经定期检验或检验不合格。

三、Ⅲ类严重违章（44条）

违章种类：管理违章

55. 自制施工工器具未经检测试验合格。

三、Ⅲ类严重违章（44条）

违章种类：管理违章

56. 金属封闭式开关设备未按照国家、行业标准设计制造压力释放通道。

三、Ⅲ类严重违章（44条）

违章种类：管理违章

57. 设备无双重名称，或名称及编号不唯一、不正确、不清晰。

三、Ⅲ类严重违章（44条）

违章种类：管理违章

58. 高压配电装置带电部分对地距离不满足且未采取措施。

三、Ⅲ类严重违章（44条）

违章种类：管理违章

59. 电化学储能电站电池管理系统、消防灭火系统、可燃气体报警装置、通风装置未达到设计要求或故障失效。

三、Ⅲ类严重违章（44 条）

违章种类：管理违章

60. 网络边界未按要求部署安全防护设备并定期进行特征库升级。

三、Ⅲ类严重违章（44条）

违章种类：管理违章、行为违章

61. 高边坡施工未按要求设置安全防护设施；对不良地质构造的高边坡，未按设计要求采取锚喷或加固等支护措施。

三、Ⅲ类严重违章（44条）

违章种类：管理违章、行为违章

62. 平衡挂线时，在同一相邻耐张段的同相导线上进行其他作业。

三、Ⅲ类严重违章（44条）

违章种类：管理违章、行为违章

63. 未经批准，擅自将自动灭火装置、火灾自动报警装置退出运行。

三、Ⅲ类严重违章（44条）

违章种类：行为违章

64. 票面（包括作业票、工作票及分票、动火票等）缺少工作负责人、工作班成员签字等关键内容。

三、Ⅲ类严重违章（44条）

违章种类：行为违章

65. 重要工序、关键环节作业未按施工方案或规定程序开展作业；作业人员未经批准擅自改变已设置的安全措施。

三、Ⅲ类严重违章（44条）

违章种类：行为违章

66. 货运索道超载使用。

三、Ⅲ类严重违章（44条）

违章种类：行为违章

67. 作业人员擅自穿、跨越安全围栏、安全警戒线。

三、Ⅲ类严重违章（44条）

违章种类：行为违章

68. 起吊或牵引过程中，受力钢丝绳周围、上下方、内角侧和起吊物下面，有人逗留或通过。

三、Ⅲ类严重违章（44条）

违章种类：行为违章

69. 使用金具U型环代替卸扣；使用普通材料的螺栓取代卸扣销轴。

三、Ⅲ类严重违章（44条）

违章种类：行为违章

70. 放线区段有跨越、平行输电线路时，导（地）线或牵引绳未采取接地措施。

三、Ⅲ类严重违章（44条）

违章种类：行为违章

71. 耐张塔挂线前，未使用导体将耐张绝缘子串短接。

三、Ⅲ类严重违章（44条）

违章种类：行为违章

72. 在易燃易爆或禁火区域携带火种、使用明火、吸烟；未采取防火等安全措施在易燃物品上方进行焊接，下方无监护人。

三、Ⅲ类严重违章（44 条）

违章种类：行为违章

73. 动火作业前，未将盛有或盛过易燃易爆等化学危险物品的容器、设备、管道等生产、储存装置与生产系统隔离，未清洗置换，未检测可燃气体（蒸气）含量，或可燃气体（蒸气）含量不合格即动火作业。

三、Ⅲ类严重违章（44条）

违章种类：行为违章

74. 动火作业前，未清除动火现场及周围的易燃物品。

三、Ⅲ类严重违章（44条）

违章种类：行为违章

75. 生产和施工场所未按规定配备消防器材或配备不合格的消防器材。

三、Ⅲ类严重违章（44条）

违章种类：行为违章

76. 作业现场违规存放民用爆炸物品。

三、Ⅲ类严重违章（44条）

违章种类：行为违章

77. 擅自倾倒、堆放、丢弃或遗撒危险化学品。

三、Ⅲ类严重违章（44条）

违章种类：行为违章

78. 带负荷断、接引线。

三、Ⅲ类严重违章（44条）

违章种类：行为违章

79. 电力线路设备拆除后，带电部分未处理。

三、Ⅲ类严重违章（44条）

违章种类：行为违章

80. 在互感器二次回路上工作，未采取防止电流互感器二次回路开路，电压互感器二次回路短路的措施。

三、Ⅲ类严重违章（44 条）

违章种类：行为违章

81. 起重作业无专人指挥。

三、Ⅲ类严重违章（44条）

违章种类：行为违章

82. 高压业扩现场勘察未进行客户双签发；业扩报装设备未经验收，擅自接火送电。

三、Ⅲ类严重违章（44 条）

违章种类：行为违章

83. 未按规定开展现场勘察或未留存勘察记录；工作票（作业票）签发人和工作负责人均未参加现场勘察。

三、Ⅲ类严重违章（44 条）

违章种类：行为违章

84. 脚手架、跨越架未经验收合格即投入使用。

三、Ⅲ类严重违章（44条）

违章种类：管理违章、行为违章

85. 对“超过一定规模的危险性较大的分部分项工程”（含大修、技改等项目），未组织编制专项施工方案（含安全技术措施），未按规定论证、审核、审批、交底及现场监督实施。

三、Ⅲ类严重违章（44 条）

违章种类：行为违章

86. 三级及以上风险作业管理人员（含监理人员）未到岗到位进行管控。

三、Ⅲ类严重违章（44条）

违章种类：行为违章

87. 电力监控系统作业过程中，未经授权，接入非专用调试设备，或调试计算机接入外网。

四、II类严重违章（补充1条）

违章种类：管理违章

88. 两个及以上专业、单位参与的改造、扩建、检修等综合性作业，未成立由上级单位领导任组长，相关部门、单位参加的现场作业风险管控协调组；现场作业风险管控协调组未常驻现场督导和协调风险管控作业。

五、Ⅲ类严重违章（补充 11 条）

违章种类：管理违章

89. 劳务分包单位自备施工机械设备或安全工器具。

五、Ⅲ类严重违章（补充 11 条）

违章种类：管理违章

90. 施工方案由劳务分包单位编制。

五、Ⅲ类严重违章（补充11条）

违章种类：管理违章

91. 监理单位、监理项目部、监理人员不履责。

五、Ⅲ类严重违章（补充11条）

违章种类：管理违章

92. 监理人员未经安全准入考试并合格；监理项目部关键岗位（总监、总监代表、安全监理、专业监理等）人员不具备相应资格；总监理工程师兼任工程数量超出规定允许数量。

五、Ⅲ类严重违章（补充 11 条）

违章种类：管理违章

93. 安全风险管控平台上的作业开工状态与实际不符；作业现场未布设与安全风险管控平台作业计划绑定的视频监控设备，或视频监控设备未开机、未拍摄现场作业内容。

五、Ⅲ类严重违章（补充 11 条）

违章种类：管理违章

94. 应拉断路器（开关）、应拉隔离开关（刀闸）、应拉熔断器、应合接地刀闸、作业现场装设的工作接地线未在工作票上准确登录；工作接地线未按票面要求准确登录安装位置、编号、挂拆时间等信息。

五、Ⅲ类严重违章（补充 11 条）

违章种类：行为违章

95. 高压带电作业未穿戴绝缘手套等绝缘防护用具；高压带电断、接引线或带电断、接空载线路时未戴护目镜。

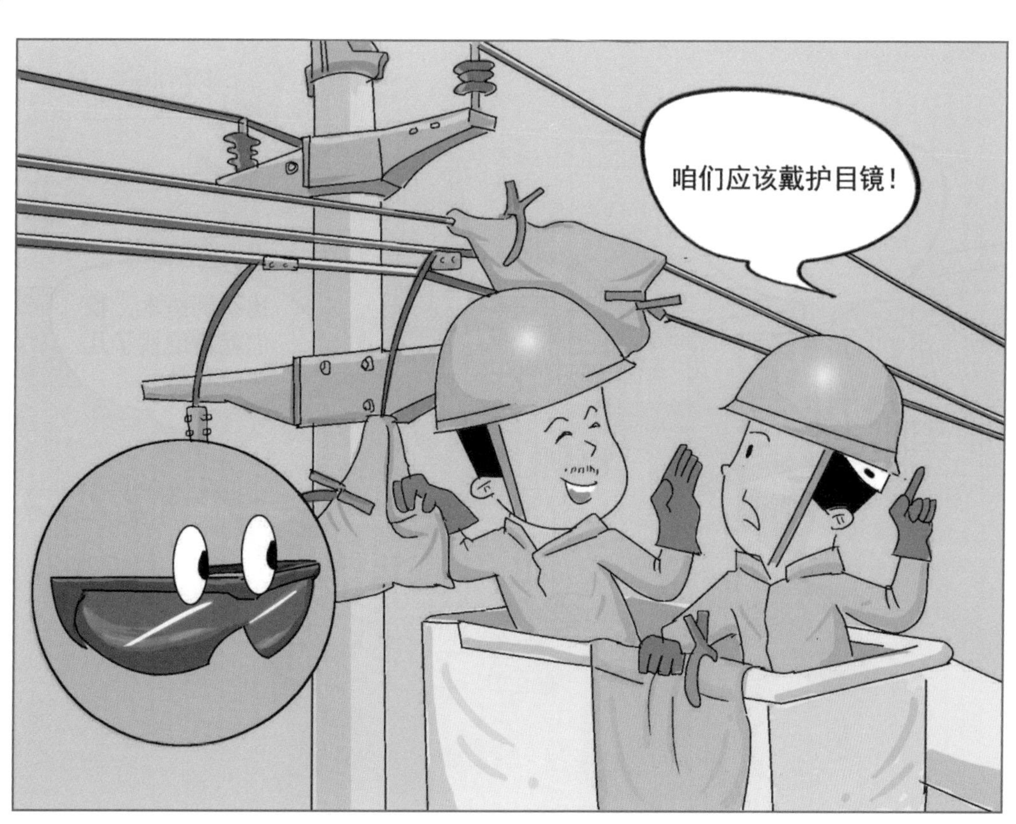

五、Ⅲ类严重违章（补充 11 条）

违章种类：行为违章

96. 汽车式起重机作业前未支好全部支腿；支腿未按规程要求加垫木。

五、Ⅲ类严重违章（补充 11 条）

违章种类：管理违章

97. 链条葫芦、手扳葫芦、吊钩式滑车等装置的吊钩和起重作业使用的吊钩无防止脱钩的保险装置。

五、Ⅲ类严重违章（补充11条）

违章种类：管理违章

98. 绞磨、卷扬机放置不稳；锚固不可靠；受力前方有人；拉磨尾绳人员位于锚桩前面或站在绳圈内。

五、Ⅲ类严重违章（补充 11 条）

违章种类：行为违章

99. 导线高空锚线未设置二道保护措施。